AUDREY KIBAMBA DE BOUANSA

LIMPAR O ESQUELETO E O GENOMA HUMANOS

AUDREY KIBAMBA DE BOUANSA

LIMPAR O ESQUELETO E O GENOMA HUMANOS

UTILIZANDO O MÉTODO DISCRIMINANTE NUMA

ScienciaScripts

Imprint

Cover image: www.ingimage.com

This book is a translation from the original published under ISBN 978-620-6-71620-4.

Publisher:
Sciencia Scripts
is a trademark of
Dodo Books Indian Ocean Ltd. and OmniScriptum S.R.L publishing group

120 High Road, East Finchley, London, N2 9ED, United Kingdom
Str. Armeneasca 28/1, office 1, Chisinau MD-2012, Republic of Moldova, Europe
Printed at: see last page
ISBN: 978-620-7-92172-0

LIMPAR O ESQUELETO E O GENOMA HUMANOS UTILIZANDO O MÉTODO DISCRIMINANTE NUM GRANDE ACIDENTE

AUDREY KIBAMBA DE BOUANSA GARE DE LUMIERE

TESE

Investigação em Matemática da Engenharia Médica

Especialidade: Limpeza do esqueleto e do genoma humanos com luz natural e pressão digital

Ciências relacionadas com a Espiritualidade e a Arte Africana

Realizado

Visitar

Laboratório Universitário de Controlo, Correção, Complementação e Criação de Teorias Científicas (LUC4) no Centro de Geometria Absoluta (CGA) em Brazzaville

Por Audrey KIBAMBA MOUNTOU

Audrey KIBAMBA DE BOUANSA GARE DE LUMIERE

Com a colaboração do Professor Hassan BAKHSSIS, Matemático, Escritor, condecorado com o grau de Cavaleiro da Ordem das Palmas Académicas em França.

E

Paul YOTCHO, professor de quinto grau, professor universitário, matemático, físico, investigador, escritor.

Conteúdo

Prefácio 4

Introdução 7

Capítulo I: Descoberta de discriminantes na composição do corpo humano 12

Capítulo II: O que é o Método Discriminante? 16

Capítulo III: Quais são as causas da disfunção do esqueleto e do genoma humano que o Método Discriminante resolverá? 19

Capítulo IV: Os diferentes tipos de bolas que causam a disfunção do esqueleto e do genoma humanos 21

Capítulo V: Variação de energia no corpo humano: uma questão de saúde pública global 25

Capítulo VI: O mundo da engenharia médica 28

Conclusão 32

Posfácio 36

Referências 38

Prefácio

"É uma tese sobre temas científicos e técnicos em que interage a irracionalidade indispensável: Arte Africana e Espiritualidade (elemento de estabilidade em qualquer ciência para que não ultrapasse os limites da ética, da moral... Reli com grande interesse esta preciosa tese, durante a qual não é fácil abordar todos os temas, análises e reflexões. O hábil e engenhoso investigador Audrey Kibamba teve um avanço, porque construiu a sua tese de tal forma que todos os temas tratados convergiram como linhas directrizes para o mesmo ponto de fuga. Por isso, vou centrar as minhas observações nesse ponto de fuga: o conhecimento deve abranger a Sociedade Humana sem distinção!

Em biologia, sabemos que as bactérias cooperam, trocam informações, evoluem e até aumentam a sua capacidade de evolução. As formigas fazem o mesmo. Os seres humanos também precisam de fazer o mesmo se quisermos evoluir melhor neste mundo acelerado e vertiginoso. Este mundo está a fazer progressos espectaculares em vários domínios, e estamos atualmente a viver uma transição importante na nossa evolução: as descobertas espantosas da inteligência artificial e as descobertas genéticas estão a colocar desafios sem precedentes e sem precedentes à espécie humana. A inteligência artificial está a ter um impacto em todas as áreas do conhecimento, mas com grandes preocupações sobre a ética, a moral e a substituição dos seres humanos por robôs "inteligentes".

A tese da professora Audrey Kibamba responde a esta pergunta vertiginosa sobre as ciências quando elas não são irrigadas pela sacralidade e pela sólida irracionalidade dos sopros caros aos nossos antepassados. Esta tese parece-me sólida em vários aspectos, porque fornece outros elementos que impedem os cidadãos de uma parte do planeta de se desenvolverem, de florescerem e também de venderem os seus conhecimentos! Para mim, esta tese é como um manifesto para mentes bem formadas, mas livres! Uma tese de investigação simultaneamente científica e reflexiva. É uma abordagem antropológica cultural. As explicações são claramente indicadas e a abordagem adoptada é rigorosamente científica. E, como salienta Edgar Morin, o ser humano é uma trindade, definida num ciclo de três termos espécie/indivíduo/sociedade, em que cada termo é necessário para a existência dos outros. E como a professora Audrey Kibamba afirma implicitamente na sua tese: a sociedade está dentro do indivíduo, inscrita na sua cultura, na sua língua, nos seus costumes e na sua sacralidade. E em qualquer ciência, reconhecer as exigências da realidade não significa ignorar as exigências de outra ordem. As sociedades contemporâneas dão geralmente destaque a conhecimentos exclusivamente objectivos, com efeitos mensuráveis, rentáveis ou mesmo mercantis. Esta tese acrescenta uma outra dimensão irracional, centrada no ser humano acima de tudo: um inconsciente alargado como conceito.

André Malraux era um defensor infalível da cultura: e é na cultura que bate o coração de uma civilização, dizia ele...

A Professora Audrey KIBAMBA está a tentar abrir uma brecha negligenciada na análise científica para que esta possa ser global, tendo em conta a evolução e também a lentidão dos cinco continentes. O seu objetivo é alcançar um futuro melhor, pensar e construir perspectivas capazes de contribuir para o progresso coletivo e libertador de todos os povos e sociedades sem distinção. "O genoma humano foi completamente decifrado. E "a história genética das populações humanas está a ser escrita". (Source la science au présent 2024 Encyclopédie Universalise).

A inteligência artificial, a ecologia funcional, a genómica... a ciência e a tecnologia estão constantemente a levantar os véus que anteriormente cobriam áreas insuspeitas do conhecimento sobre a vida, a matéria, a Terra e o nosso Universo, pondo frequentemente em causa certezas bem estabelecidas. Como salienta a investigadora Audrey KIBAMBA neste ponto de fuga.

As descobertas científicas estão também a moldar futuros imagináveis, mais ou menos desejáveis ou preocupantes, dependendo do que fizermos com os nossos conhecimentos e tecnologias. A tese da Professora Audrey KIBAMBA corrobora esta ideia, que é destacada no livro Science au présent 2024. Tantos pontos de convergência com as análises da autora desta tese. Esta tese representa um passo em frente na construção de um conhecimento universal e partilhado. Todos os anos, observações fortuitas como as do professor Kibamba, fenómenos naturais e resultados de investigações importantes vêm completar ou abalar os conhecimentos anteriores. O autor insiste na ética e na sacralidade (La Lumière), cujas fontes emanam dos cinco continentes, mas que são universais e onde nenhuma nação é servil. É uma ciência da consciência, da pertença digna ao género humano.

Gostaria de terminar agradecendo à Professora Audrey KIBAMBA pela qualidade da sua investigação e pela sua preocupação em pensar antes de mais nos outros... para alcançar uma cidadania da terra justa e solidária.

Professor Hassan BAKHSISS

Introdução

Os anciãos da humanidade tiveram o mérito de fazer avançar a humanidade pela força do seu pensamento revolucionário, que reverbera na tela do espaço-tempo. Eram verdadeiros intelectuais de cabeça e coração, com um génio incrível para o saber-fazer, que acompanharam com o saber-fazer na sua luta e no seu ideal de pensar sempre bem, com razão e de fazer grandes coisas pelos outros à luz da sabedoria do amor, que coloca sempre o homem no centro do interesse geral.

Mas também se enganaram ao definir incorretamente certos conceitos no seu tempo, conceitos que hoje bloqueiam a humanidade numa apostasia do conhecimento em que nos tornámos partidários do menor esforço, agindo como verdadeiros robots cuja missão é memorizar apenas o que os mais velhos da humanidade disseram, Esta é a essência e a urgência de enfrentar os desafios do milénio através da investigação, da inovação e da descoberta.

Pessoalmente, discordo da ideia de que foram os anciãos da humanidade que resolveram todos os problemas da humanidade e que não devemos continuar a pensar, refletir ou raciocinar sobre eles nos dias de hoje (não há nada de novo debaixo do sol). Trata-se de um grande erro. Porque a inteligência escapa de uma geração para a outra na folhagem do tempo.

E a história da humanidade é feita de grandes desafios e de fogo intergeracional à luz universal da razão. Os anciãos souberam dizer o que acreditavam ser verdadeiro e correto no seu tempo, que é naturalmente diferente do nosso. As realidades já não são as mesmas. A própria vida é dinâmica, não estática. As coisas já não são as mesmas. Elas evoluem de uma época para a outra.

Portanto, a vida não é um escalar. Tudo se move e morre numa dialética da luz do espírito e da matéria em movimento dos Discriminantes do trinómio do segundo grau num espaço-tempo de doze dimensões de campos sub-quânticos etéricos.

Os anciãos da humanidade não tinham nem podiam ter o monopólio do conhecimento e da aprendizagem, e muito menos a capacidade intelectual para resolver definitivamente todos os problemas da humanidade no seu tempo. Eram também limitados na forma como viam, compreendiam, interpretavam e definiam certas coisas ou conceitos, apesar da força do seu pensamento revolucionário, cujos efeitos herdámos na memória eterna das gerações.

Eles estão na origem desta apostasia do saber que, obviamente, bloqueia a humanidade em dogmas e doutrinas que são, na realidade, uma prisão da alma e, sobretudo, do desabrochar do espírito, que é necessário desconstruir e reconstruir num novo quadro de referência que tenha em conta as nossas realidades actuais, na experiência vivida das pessoas. Porque cada geração é filha do seu tempo, à luz universal da razão.

Não é preciso escrever páginas para afirmar uma verdade científica extraída do solo experimental com base na intuição e na astúcia matemática, e a sua demonstração por um refinamento do pensamento.

Cada descoberta é a partilha da humanidade com os outros na cultura da busca da excelência na continuidade e na descontinuidade. É por isso que não se pode ser Mestre ou Doutor sem uma tese baseada numa verdadeira investigação sobre a universalidade da luz da razão através do refinamento do pensamento.

A investigação, a inovação e a descoberta são um mundo de contributos e de realizações para fazer avançar a humanidade através do poder do pensamento matemático, que se reflecte no ecrã do espaço-tempo na produção intelectual da autoeducação.

O homem é um universo contido em si mesmo, que ele descobre quando procura penetrar nos segredos e mistérios da natureza, aperfeiçoando o seu pensamento matemático.

O corpo humano é uma pirâmide viva na sua composição matemática. Um universo de conhecimentos e um vasto sítio de investigação em curso. Porque não dispomos de toda a informação necessária sobre o corpo humano. É uma dinâmica que tem em conta o ambiente em que nos encontramos e as influências que o afectam, modificando frequentemente o nosso comportamento, a nossa morfologia e até a nossa anatomia.

O corpo humano é transcendente e ascendente: este é um mistério que também deve ser domado na matemática da engenharia médica numa nova especialidade chamada Limpeza do Esqueleto e do Genoma Humano usando luz natural e pressão digital num Grande Quadrado do Triângulo Sagrado da Inteligência contendo dois vértices. É aqui que a luz do espírito viaja na dimensão doze, onde o espírito está naturalmente ligado ao corpo para formar um só.

O sistema de saúde mundial apresenta lacunas e limitações no que diz respeito à compreensão do corpo humano e dos seus muitos problemas globais, pelo que é necessário encontrar soluções eficazes para melhorar o sistema, recorrendo a novos resultados de investigação e a contributos no domínio da matemática da engenharia médica.

É por isso que a introdução do Método Discriminante no sistema global de saúde à escala planetária é uma grande revolução cultural e tecnocientífica para ultrapassar algumas das limitações e falhas do referido sistema no casamento da investigação e da inovação conducentes ao progresso das nações.

Uma cabeça bem formada é o melhor diploma universal que existe no contrato de competência onde o homem traz o seu saber-fazer que acompanha naturalmente pelo saber-fazer para fazer avançar a humanidade na coerência intelectual e na cultura da busca da excelência como busca da verdade verdadeira extraída do terreno experimental.

Vivemos num mundo de realizações e de contributos, em que as inteligências dos homens e das mulheres se escapam umas das outras na folhagem do tempo. Um mundo que não perdoa aqueles que querem viver ao acaso num século sem encontrar algo que o alimente. Estamos, pois, num mundo de investigação e de inovação que conduz ao desenvolvimento com base na produção intelectual através da autoeducação.

A descoberta do Discriminante e a sua aplicação num Grand-Carré para a limpeza do esqueleto e do genoma humanos, utilizando a luz natural e a pressão digital, é uma grande revolução no sistema de saúde mundial no início do terceiro milénio, com o objetivo de responder aos desafios do nosso tempo através da investigação, da inovação e da descoberta.

A grandeza de cada espírito de luz mede-se em função da sua contribuição para o progresso da humanidade na tela do espaço-tempo. É por isso que existem intelectuais e verdadeiros intelectuais, bem como professores e grandes professores, com base nas suas realizações e contribuições nos domínios da ciência e da literatura.

O futuro nem sempre é o futuro ou o amanhã, mas também o presente, que está a ser construído agora numa encosta de suor, perseverança e prudência do tempo para construir grandes vitórias na cultura da procura da excelência nas competências das pessoas.

A inovação que nos levou a escrever esta tese de investigação em matemática da engenharia médica é a descoberta de Discriminantes na composição da estrutura arquitetónica do corpo humano, de forma a ultrapassar e complementar o trabalho dos antigos cientistas gregos que acreditavam, com razão ou sem ela, que o corpo humano era composto apenas por átomos e moléculas.

Esta tese de investigação científica mostra claramente que o que está por descobrir é maior do que o que se sabe. Porque o corpo humano é um vasto sítio de investigação e de descoberta em curso, à luz universal da razão, através do refinamento do pensamento matemático.

Capítulo I: Descoberta de discriminantes na composição do corpo humano

Os meus contributos de investigação e de descoberta são a história concentrada da humanidade solar e a plataforma das suas experiências, onde existir é estar fora de si em direção a um outro que não ele próprio na universalidade da luz da razão.

O meu trabalho de investigação em Matemática da Engenharia Médica está a conduzir-nos a uma grande descoberta marcada pela presença irrefutável de Discriminantes na composição arquitetónica do corpo humano.

Na Matemática da Engenharia Médica, a minha descoberta é a partilha da humanidade com os outros na folhagem do tempo. A investigação, a inovação e a descoberta são os desafios a vencer, onde o espírito da luz se revela na luta do seu tempo para marcar a história na memória das gerações com as armas da inteligência.

Cada geração tem o seu fogo eterno, os seus génios inventivos e criativos, a luta do seu tempo e o seu quadro de referência que lhe permite ver e compreender a realidade dos universos inteligíveis com os óculos do pensamento puro, capaz de a explicar e interpretar na totalidade do conhecimento e no conhecimento da totalidade.

É a dialética da luz do espírito e da matéria em movimento de sondagem onde o universo é um todo de conhecimento e de aprendizagem, expresso pela Poesia do Imaginário Científico como matriz de todas as ciências em interdisciplinaridade, multidisciplinaridade e transdisciplinaridade trunfos essenciais para o acesso ao conhecimento verdadeiro na arquitetura da verdade verdadeira extraída do solo experimental.

A história da humanidade é feita de grandes desafios, de investigação e inovação, de invenção e criação da mente e até de descoberta, onde as mentes brilhantes de cada geração domam a natureza obedecendo-lhe para penetrar nos seus segredos e mistérios num diálogo permanente baseado na intuição e na astúcia matemática através de um refinamento do pensamento.

A investigação ou a descoberta não é um escalar. Pelo contrário, é uma dinâmica, uma estática, que evolui a partir da universalidade da luz da razão que nos conduz a um casamento entre a inovação e a criação da mente.

O homem é um universo contido em si mesmo, cujos segredos e mistérios devem ser penetrados pelo fogo eterno das gerações. É uma função racional de somas em escalões de n-i factores de determinantes poderosos em que qualquer número inteiro positivo que se some tantas vezes quanto ele próprio é igual à sua segunda potência.

Assim, o homem é uma pirâmide viva e espiritual, constituída por átomos, moléculas e discriminantes que constituem o esqueleto da sua arquitetura da realidade, cuja existência é de essência matemática, como as raízes da humanidade.

O homem é uma construção completa da Matemática da Engenharia Médica, que constitui a linguagem do universo contida nele e que deve ser transmitida aos outros. Ao procurar compreender o universo, o homem descobre-se como um sistema isolado cujas energias se transformam umas nas outras. Ele é um explorador e utilizador da alquimia, combinando os seus elementos básicos na possibilidade operativa das operações da Aritmética. É neste conhecimento perfeito que o homem se torna senhor e possuidor da natureza, obedecendo-lhe nos ritos e costumes da luz do espírito, que funde com a matéria para formar uma entidade única num espaço-tempo de doze dimensões.

Aí, o homem experimenta a fusão de dois cones de luz e de escuridão, levando à descoberta pela luz da sabedoria do espírito através da revelação da Zebra e da Onda de Luz Refractada com base na intuição e na astúcia matemática num diálogo permanente com a natureza, cuja espiritualidade é a única ponte que pode existir entre a ciência e o homem. Torna-se um investigador e um farol para a humanidade na inovação, criatividade e descoberta para o progresso da ciência no tempo e no espaço.

Em matemática de engenharia médica, o Discriminante é o quadrado da diferença entre dois números que são soluções de um trinómio de segundo grau com uma incógnita.

O corpo humano é um mosaico de discriminantes quantitativos, qualitativos e diferenciais, como dizem Audrey Kibamba e Omer Fouetolo. Isto significa que o corpo humano não é constituído apenas por átomos e moléculas, como diziam Demócrito, Leucipo, Hipócrates e muitos outros na antiguidade. Mas também de Discriminantes como acabamos de demonstrar nesta especialidade do novo milénio para a limpeza do esqueleto e do genoma humano por luz natural e por pressão digital naturalmente adjacente aos mecanismos fluidos num Grand-Carré.

Assim, $F=p / s$.

Os discriminantes no corpo humano variam em tamanho. Eles variam de um órgão para outro. O discriminante é uma entidade algébrica que utilizamos para classificar o corpo humano em entidades geométricas que não são mais do que quadrados geométricos de tamanho variável, dependendo do tamanho do órgão a ser limpo.

O princípio fundamental do Discriminant é fazer circular o oxigénio no corpo humano utilizando a luz natural e a pressão digital.

Na realidade, os Discriminantes são também condutores na sua função de fazer circular o sangue vermelho e branco, o oxigénio e a água para alimentar todo o sistema do corpo.

Este contributo notável para o progresso da ciência prova que a investigação, a inovação e a descoberta se tornam essenciais nas novas políticas de desenvolvimento das nações do terceiro milénio, onde o conhecimento e a aprendizagem são variáveis fundamentais para o crescimento das nações livres.

Esta tese de investigação em Matemática de Engenharia Médica é uma grande revolução no sistema de saúde mundial com a introdução do Método Discriminante para a limpeza do esqueleto e do genoma humano por luz natural e pressão digital num Grande Quadrado do Triângulo Sagrado da Inteligência contendo dois vértices transcendentes e ascendentes. Onde a luz do espírito viaja.

Capítulo II: O que é o Método Discriminante?

O Método Discriminante é, portanto, um ressuscitador por excelência da vida humana, utilizando diretamente o oxigénio aeróbico (o oxigénio do ar natural), através da pressão da luz digital aplicada à superfície de um órgão.

É a geometria sagrada aplicada à superfície de um órgão esquadrinhado em pequenos quadrados geométricos com a inteligência racional dos neurónios do tato para o limpar, cujo princípio fundamental é o da circulação do oxigénio no corpo humano por luz natural e por pressão digital num Grand-Carré.

Este método, conhecido como Discriminante, permite-nos limpar os nervos, os rins, os músculos, o sangue vermelho e branco, o cérebro, o joelho, a água e muitos outros.

O método Discriminante é a nossa apólice de seguro de vida para rejuvenescer o nosso organismo, limpando o esqueleto e o genoma humano através da luz natural e da pressão digital num Grand-Carré.

Os discriminantes estão naturalmente ligados aos poros do corpo humano, permitindo que o esqueleto humano respire e funcione corretamente ao receber oxigénio suficiente dos vários poros do corpo humano.

Eles regulam o sistema respiratório do corpo humano, utilizando a luz natural e a pressão dos dedos. Os discriminantes são, portanto, elos da cadeia alimentar do esqueleto e do genoma humanos.

Quando um Discriminante é bloqueado, o sangue nessa área é deixado para trás. No entanto, o órgão cria um mecanismo de resgate na superfície do músculo, sob a forma de pequenas veias ou vénulas, que repõem o fornecimento à área bloqueada.

Quando um dos Discriminantes é bloqueado, também leva a disfunções dos membros do corpo humano: paralisia, acidentes cardiovasculares, sinovite e muitos outros. O cérebro humano também tem um grande número de discriminantes para o seu fornecimento de sangue e oxigénio.

Os discriminantes dão ao coração a força e a capacidade de bombear bem o sangue, até que este circule à sua velocidade eficaz. Com esta velocidade eficaz, o corpo adquire o potencial de imunocompetência. Por outras palavras, o corpo tem a capacidade de repelir qualquer agente externo, mesmo que lhe seja estranho. É a defesa natural do organismo.

Acabámos de compreender que os músculos recebem e registam todos os impulsos dos agentes externos (forças), e isso modifica as superfícies musculares, que se tornam onduladas, resultando em convulsões e tremores. Portanto, o Discriminante é um ente Aritmético-geométrico. Porque a sua aplicação é aritmética e a sua demonstração é geométrica, num Grande Quadrado do Triângulo Sagrado da Inteligência, com dois vértices, transcendente e ascendente. Por onde viaja a luz do espírito.

É por isso que propomos a utilização do método Discriminante no sistema de saúde global para limpar o esqueleto e o genoma humanos, utilizando a luz natural e a pressão digital para reduzir a taxa de mortalidade ligada a uma disfunção do esqueleto humano, que está a sufocar devido à falta de oxigénio.

Estamos num campo da Matemática da Engenharia Médica, e precisamos de definir claramente o conceito para orientar a ciência neste novo milénio, especialidade de técnicos que limpam ou ressuscitam o esqueleto e o genoma humanos utilizando a luz natural e a pressão digital para fazer avançar a humanidade através da investigação, da inovação e da descoberta no tempo e no espaço.

O método Discriminante é uma solução entre outras para responder eficazmente às muitas falhas e limitações do sistema de saúde mundial, que não dispõe de técnicos para limpar o esqueleto e o genoma humanos à escala planetária.

A maioria das nossas doenças é causada não só pela nossa alimentação, mas sobretudo pela asfixia do esqueleto humano, que já não recebe oxigénio suficiente para funcionar corretamente. Porque o oxigénio é vida. Um problema de saúde pública com uma taxa de mortalidade impressionante a nível mundial.

Esta tese de investigação na área da matemática da engenharia médica é um apelo notável ao progresso da ciência e da humanidade que a OMS, a UNESCO e todas as nações do mundo deveriam aproveitar para melhorar o sistema de saúde global no limiar do terceiro milénio.

A técnica ou método discriminante já provou o seu valor numa pequena escala (local) e precisa de ser alargada a uma escala global. Trata-se dos neurónios do tato no seu papel muito notável de detectores dos diferentes tipos de bolas por luz natural e por pressão digital, que estão na origem de uma disfunção do esqueleto e do genoma humanos.

Os nossos dedos emitem vibrações de energia Lightwave na limpeza do esqueleto humano e do genoma pela luz e pela pressão digital num Grand-Carré, adjacente aos mecanismos fluidos; daí F=p/s.

Capítulo III: Quais são as causas da Disfunção do Genoma Humano e do Esqueleto que o Método Discriminante irá resolver?

O homem é um fruto da interdisciplinaridade cuja essência da existência é matemática como as raízes da humanidade solar onde somos a sua memória na universalidade da luz da razão através de um refinamento do pensamento.

A cada herança recebida dos mais velhos da humanidade, acrescente-se uma fortuna: este é o princípio da continuidade na descontinuidade para o qual todos devemos contribuir a fim de fazer avançar a humanidade nos seus múltiplos problemas de dimensão planetária, para os quais devem ser encontradas soluções com base em realizações e contribuições à escala mundial.

O corpo humano é uma verdadeira encruzilhada de dar e receber, onde há muito para comer e beber. É como a Internet ou as redes sociais. Uma verdadeira caixa de seleção do bom e do mau.

O corpo humano não é santo nem perfeito. É o fruto de uma imperfeição que precisa de ser actualizada. Para comunicar melhor com ele, para o conhecer melhor e descobrir melhor as suas imperfeições, na procura da excelência da coerência intelectual ou no casamento da inovação e da criação num novo quadro de referência.

A má alimentação e, sobretudo, o ar poluído são as principais causas que afectam o corpo humano, aliando-se ao meio ambiente do indivíduo, criando os mecanismos que combatem o sistema defensivo do corpo humano, transformando as bolas em grãos de areia, grãos de milho e cacos..., são responsáveis pela disfunção do esqueleto e do genoma humano, que sufoca quando deixa de receber oxigénio suficiente.

O esqueleto deforma-se progressivamente quando estas bolas não são limpas pela luz natural e pela pressão dos dedos. É também o caso dos doentes com células falciformes, em que os glóbulos vermelhos se deformam em forma de meia-lua ou de foice, impedindo o crescimento do esqueleto humano e, sobretudo, a boa circulação do oxigénio.

Estes crescentes acabam por vezes por assumir a natureza de bolas, grãos de areia, grãos de milho e estilhaços que provocam insuficiência respiratória e dores intensas no corpo dos doentes falciformes e de muitos outros, que precisam de ser gradualmente limpos pela luz natural e pela pressão digital para evitar estas dores e, sobretudo, a deformação do esqueleto humano devido à distensão ou ao espalhamento das vértebras.

Capítulo IV: Os diferentes tipos de bolas que estão na origem de uma disfunção do esqueleto e do genoma humanos

A África é o futuro da ciência do milénio através da revelação da Zebra e da Onda de Luz Refractada baseada na intuição e na astúcia matemática através de um refinamento do pensamento.

Estamos num mundo onde o empenhamento ultrapassa a universalidade da luz da razão nos seus múltiplos problemas de dimensão planetária, para os quais somos chamados a encontrar soluções ou a dar contributos à escala global, à luz da sabedoria do amor.

As bolas de areia encontram-se mais frequentemente na cavidade torácica, nomeadamente nas costelas e nos músculos intercostais. É devido ao seu pequeno tamanho que são conhecidas como bolas de grãos de areia.

Também se encontram na testa, onde provocam enxaquecas, e nos seios nasais, onde causam sinusite. Encontram-se também nas gengivas, onde formam pedras chamadas tártaros, provocando um sangramento constante das gengivas.

Em África, em geral, e no Congo Brazzaville, em particular, a solução é usar cinzas de lenha na boca durante um máximo de dois minutos. A medicina moderna utiliza a destartarização. As bolas de areia são também a causa do mau hálito.

Estas bolas provocam febres que nenhum aparelho, mesmo o mais potente ou ultramoderno, consegue detetar atualmente. Estas bolas encontram-se também no peritoneu, onde provocam dores abdominais ligeiras e obstipação.

No queixo, estas bolas provocam a deformação da boca (paralisia facial). Os grãos de areia são o tipo de bola mais comum nos doentes falciformes. Neste caso, existe um grande número de bolas à volta das costelas e na base do pescoço, onde impedem o fornecimento de sangue à cabeça.

Estas bolas causam uma insuficiência respiratória grave, que se manifesta nos doentes com células falciformes como uma respiração irregular.

As bolas de milho são bolas grandes como os grãos de milho. São responsáveis pela má circulação sanguínea e são também capazes de sufocar o esqueleto humano, que acaba por ficar com os poros obstruídos. Por outras palavras, o esqueleto torna-se incapaz de enviar os glóbulos vermelhos que se deformam para a medula óssea para fornecer oxigénio aos músculos.

Estas bolas na região lombar provocam lombalgias. Nos joelhos, estas bolas provocam sinovite e mau contacto entre as superfícies articulares. Como resultado, o indivíduo cai no chão. Na cavidade torácica, estas bolas são responsáveis pela hipertensão.

No que diz respeito ao aparelho digestivo, estas bolas são responsáveis pela colopatia (mau funcionamento dos intestinos); não têm um lugar específico no corpo humano. Encontram-se em todo o lado.

As bolas de fragmentos são bolas que se formam após a injeção de produtos oleosos como o quinino, o quinimax, etc., a uma temperatura de 37 graus. Isto significa que o produto, que não foi completamente eliminado pelo organismo, cristaliza ou transforma-se em cristais e aloja-se nos músculos. Estes cristais são capazes de picar internamente os músculos do doente.

De um modo geral, todas as bolas sufocam o esqueleto humano e deformam-no progressivamente. São capazes de distanciar as vértebras umas das outras. Isto deforma o esqueleto humano.

Basta limpá-los corretamente e eles voltarão à sua posição normal. A presença de uma boa quantidade e qualidade de oxigénio no organismo é o princípio fundamental da vida. Não pode haver vida sem oxigénio.

A limpeza é, portanto, um excelente meio de ressuscitar a vida humana, utilizando diretamente o dioxigénio aeróbio (oxigénio do ar natural), através da pressão da luz digital aplicada à superfície de um órgão. Esta é a técnica ou método discriminante aplicado na engenharia médica.

A limpeza do esqueleto humano também ajuda a desobstruir os vasos sanguíneos (artérias, veias e capilares), incluindo o coração. Se o coração tiver coágulos. Esta prática também limpa os vasos sanguíneos nos hemisférios do cérebro sem abrir o crânio.

Utilizando mecanismos fluidos. Por outras palavras, F=p/s num Grand-Carré. O líquido utilizado é o sangue. Esta prática é demonstrada pela experiência do saca-rolhas. Utilizamos a pressão digital para limpar os rins, os nervos, os músculos vermelhos e brancos, o esqueleto, o joelho, o sangue vermelho e branco, sem esquecer os cromossomas e outros órgãos do corpo humano.

A origem é principalmente alimentar, aeróbica e ambiental. A técnica ou método discriminante permite ao organismo reforçar a sua imunidade natural, conferindo-lhe um potencial imunocompetente. Diz-se que o sangue adquire a sua velocidade efectiva. No entanto, o organismo não está recetivo aos agentes patogénicos que regressam de outros locais.

Tem a capacidade de os forçar a sair. É o que demonstra a experiência com uma garrafa de plástico vazia num lago. Este novo conhecimento mostra claramente que o que está por descobrir é maior do que o que se conhece atualmente.

Cada segundo que passa corresponde a uma descoberta humana. Os novos conhecimentos são uma loucura de energia capaz de provocar numerosos acidentes em certas inteligências, que não vêem as coisas no mesmo quadro de referência que o cientista, o investigador ou o génio no combate do nosso tempo, que é a essência e a urgência na universalidade da luz da razão.

Capítulo V: Variação de energia no corpo humano: uma questão de saúde pública global

O corpo humano é um vasto local de pesquisa e de descoberta na universalidade da luz da razão através de um refinamento do pensamento que se reflecte no ecrã do espaço-tempo.

O corpo humano é um ser dinâmico e estático no meio de uma revolução interna e externa que está a virar tudo de pernas para o ar nas metamorfoses das metáforas físicas e naturais na matemática da engenharia médica, onde a investigação é uma espiritualidade de almas solares que residem nos segredos e mistérios das pirâmides vivas contidas no próprio homem como bens que devem ser preservados na escola da vida.

Os músculos recebem informações controladas que contêm energia. Têm uma memória e são capazes de registar e reter a intensidade dos choques internos ou externos recebidos. Estas intensidades são capazes de modificar a estrutura muscular ou a superfície muscular, formando ondulações.

Estas podem produzir contracções repetidas de alta intensidade que podem cansar ou entorpecer o sistema nervoso. Estes movimentos involuntários podem levar o indivíduo a um estado de convulsões ou coma.

Normalmente, a energia deve ser distribuída de forma homogénea por todo o corpo humano, sem acumulação num único ponto. Mas uma má circulação sanguínea a baixa velocidade e uma má estruturação muscular podem tornar o músculo demasiado rígido, por vezes mesmo contraído sem relaxamento, ao ponto de provocar uma variação da energia no corpo humano.

Isto resulta em dores musculares excruciantes no corpo humano ou em partes isoladas do corpo. Neste caso, quando uma força externa actua sobre qualquer ponto, o ponto afetado pela força externa sente dores excruciantes. Este excesso de energia num ponto é um défice de energia noutro ponto do mesmo organismo humano, o que se chama uma variação de energia.

Esta variação de energia no corpo humano caracteriza-se por uma paralisia muscular, uma disfunção que reduz o movimento das articulações musculares, mas com dores musculares excruciantes. Esta variação de energia pode bloquear os movimentos de elevação dos braços, os movimentos de flexão das pernas com um ponto nas nádegas de um lado em direção à anca.

Esta variação de energia pode ser observada no caso de alterações da estrutura muscular. Ou seja, em vez de serem lisos, os músculos podem apresentar ondulações na sua superfície. Esta situação conduz geralmente a contracções musculares repetidas que resultam em convulsões e o indivíduo pode entrar em síncope ou em coma. Isto deve-se ao facto de os músculos terem o poder de registar e acumular energia a partir do choque de impulsos externos, sejam eles grandes ou pequenos.

A reação muscular a estes impulsos pode ser retardada ou súbita. Este estado muscular pode ser reconhecido através de um simples toque no músculo. A técnica ou método discriminante é a forma mais segura e eficaz de corrigir este tipo de perturbações, através de sessões de limpeza ou reeducação muscular, utilizando a luz natural e a pressão digital para repor os músculos no seu estado normal.

O número de sessões necessárias para corrigir estes músculos varia de pessoa para pessoa, e depende também da idade do indivíduo ou do paciente. A fraca velocidade do sangue pode estar ligada à coagulação sanguínea, causada por um ou outro elemento do meio externo, quer por agentes patogénicos (micróbios), quer pela má qualidade das estruturas musculares, sem esquecer as bolas de qualquer tipo, que estão na origem da má circulação sanguínea no corpo humano.

O esqueleto humano é um grande mosaico de discriminantes que precisa de ser limpo com luz natural e pressão digital para fazer circular o oxigénio por todo o corpo humano e limpar todos os órgãos: um problema de saúde pública com uma taxa de mortalidade impressionante devido à falta de técnicos para limpar o esqueleto e o genoma humano à escala global.

A África está a dar uma solução, ou mesmo uma contribuição, para este problema global. O sistema de saúde, tal como o sistema de educação, também faz parte dos elementos constitutivos de uma nação. Os dois sistemas estão ligados. São interdependentes.

A OMS e a UNESCO, sem esquecer a humanidade, devem, portanto, levar a sério esta tese de investigação em Matemática da Engenharia Médica. É um dos caminhos de salvação para a melhoria do sistema de saúde mundial através da utilização da técnica ou método discriminante para a limpeza do esqueleto e do genoma humano utilizando a luz natural e a pressão digital.

Precisamos de revolucionar o sistema de saúde global introduzindo a matemática da engenharia médica para limpar o esqueleto e o genoma humanos utilizando o método Discriminante, que é simplesmente o quadrado da diferença entre dois números que são soluções nulas do trinómio de segundo grau.

Capítulo VI: O mundo da engenharia médica

O livro da natureza é a sede da energia, da memória e da inteligência. Só se pode domar o universo inteligível obedecendo aos seus ritos e costumes, de acordo com as leis da natureza, à luz universal da razão.

Cada inovação ou invenção é inspirada pelo livro da natureza escrito na linguagem da pura matemática fractal da natureza.

É através do Grand-Amour e do raciocínio científico que mostramos o poder de descoberta da matemática da engenharia médica no enigma do destino do espaço-tempo. Em engenharia médica, investigar significa imitar fielmente a natureza na sua configuração autêntica, reflectindo as analogias naturais.

O mundo da engenharia médica é um refinamento do pensamento comum que evolui através de cortes epistemológicos de uma investigação para outra num espaço-tempo preciso.

Podemos constatar que o mundo da geometria e da quantidade reificada criou um universo no qual o homem já não tem lugar. Este universo é dominado por uma linguagem simbólica que ergue uma espécie de muro entre as pessoas, onde a emoção é substituída pela racionalidade, tornando praticamente impossível a comunicação entre estes dois conceitos intimamente ligados.

O que um homem pode imaginar pela força do seu pensamento, outros são capazes de realizar na universalidade da luz da razão por um refinamento do pensamento matemático que se reflecte na tela do espaço-tempo.

Porque vivemos num mundo de realizações e contributos para o progresso da humanidade na produção intelectual e na autoeducação, onde a inteligência humana flui de geração em geração, deixando a sua marca na história através do fogo intergeracional.

A existência da econometria, da sociometria e da biometria, por exemplo, testemunha o esforço do génio humano em utilizar a matemática como linguagem da natureza, de acordo com uma tradição que tem as suas raízes na filosofia pitagórica, que emergiu da matriz egípcia: "tudo é número" é filha da "regra para estudar a natureza; para compreender tudo o que existe, todos os segredos, todos os mistérios".

Esta expressão hegemónica da realidade, fortemente consubstanciada no rigor da matemática galileu-cartesiana, exclui injustamente as outras formas de conhecimento que pintam o universo em que vivemos e amamos.

Este mundo, maravilhosamente tecido pela poesia e pela sua música universal, aguça a nossa sensibilidade e alimenta a nossa imaginação desenfreada, gerando génios inventivos e criativos através da revelação da Zebra e da Onda de Luz Refractada, baseada na intuição e na astúcia matemática, num diálogo permanente entre a natureza e o homem, onde a espiritualidade é a única porta de entrada e saída da cultura, da ciência, da arte e do espiritual.

O Renascimento do Romantismo foi um resultado lógico indispensável do desejo de preencher o vazio existencial criado pela geometria analítica, que excluía o modelo verbal da realidade mais rica e mais humana, considerada como a forma ideal para o poder do pensamento compreender a realidade.

A descoberta de um mosaico de Discriminantes na composição do corpo humano é uma grande revolução na Matemática da Engenharia Médica para a Limpeza do Esqueleto e do Genoma Humanos por luz natural e por pressão digital num Grand-Carré, adjacente aos mecanismos fluidos. Daí F=p/s.

Toda a inovação ou invenção é a materialização da Onda de Luz na espiritualidade exotérica e moral, expressa na cultura de um povo em relação matemática com a necessidade real.

O buscador é um amante da ciência e da razão através de um refinamento do pensamento à luz da sabedoria do amor.

Ilustrações de Discriminantes na composição da estrutura arquitetónica do corpo humano.

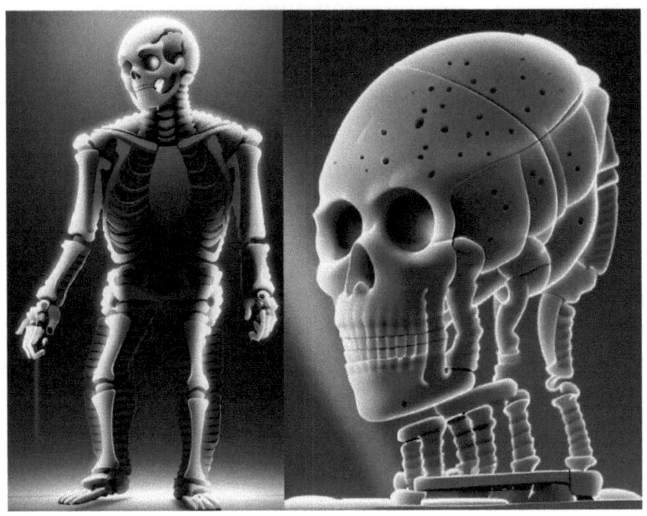

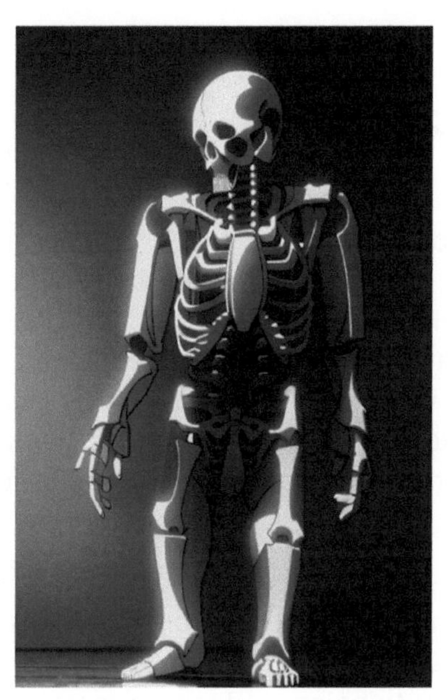

Conclusão

Os Espíritos elevados não conhecem o ódio, nem o obscurantismo intelectual, e muito menos a apostasia do saber que circunscreve a inteligência do homem em dogmas e doutrinas para ser limitada. Só sabem amar o verdadeiro, pondo em evidência a verdade verdadeira que reflecte as analogias naturais, e procurar a excelência como busca da verdade na coerência intelectual e no casamento da inovação com a criação.

As mentes elevadas são sempre guiadas pela luz da sabedoria do amor dos mais velhos da humanidade, onde o outro não pode deixar de ser o primeiro na universalidade da luz da razão. Para isso, o meu trabalho de tese na matemática da engenharia médica é naturalmente um dos muitos contributos para o avanço da humanidade nos seus múltiplos problemas de dimensões planetárias para os quais as soluções devem ser encontradas no casamento da inovação e da criação; na totalidade do conhecimento e no conhecimento da totalidade num espaço-tempo de doze dimensões.

Atualmente, a ciência, a educação, a saúde pública e a cultura modernas atravessam uma grande crise à escala planetária, com todas as nações do mundo numa encruzilhada. De onde virá a ajuda?

Só podemos ajudar-nos a nós próprios através da investigação e da inovação, da invenção e da criatividade, da espiritualidade e da descoberta, da interdisciplinaridade, da multidisciplinaridade e da transdisciplinaridade, todas elas essenciais para acedermos ao verdadeiro conhecimento à luz do espírito, através do refinamento do nosso pensamento.

As universidades africanas devem produzir verdadeiras teses de investigação que contribuam para resolver os problemas globais através da investigação, da inovação e mesmo da descoberta, a fim de responder aos desafios do nosso tempo.

A África não precisa da subcontratação da investigação que é feita nas bibliotecas com base no copiar e colar sem o mínimo contributo ou realização no domínio da ciência e da literatura.

A verdadeira investigação não consiste em copiar e colar do que já existe, sem ir além das análises clássicas para criar algo novo de uma forma original e autêntica, com continuidade e descontinuidade. Porque o que já existe só serve de ponto de referência na medida em que estamos sempre a construir algo novo a partir do que existe naturalmente.

Assim, a investigação científica não é uma compilação ou uma coleção de escritos recolhidos numa biblioteca e depois reunidos em torno de um assunto com muitas páginas sem qualquer efeito de produção intelectual na autoeducação que conduza a novos conhecimentos que contribuam para o progresso da humanidade na universalidade da luz da razão.

A investigação científica é uma questão de realizações e de contribuições para a inovação e a criação do espírito através do refinamento do pensamento matemático que se reflecte no ecrã do espaço-tempo nas esferas cultural, científica, artística e espiritual.

Quando o futuro é sombrio, o difícil torna-se o caminho, e mentes brilhantes na sombra revelam-se na luta do seu tempo para fazer história na memória das gerações. São estes os desafios que permitem ao homem interrogar-se e recomeçar a gerir os problemas mais prementes da luta do seu tempo, através de um saber-fazer que anda de mãos dadas com o saber-fazer para dar o seu contributo para a herança recebida dos mais velhos da humanidade solar.

No cone das trevas, o cientista é o homem que se interroga sempre para recomeçar na dialética da luz do espírito e da matéria em movimento para se ligar ao seu cone de luz na procura da verdade, na interrogação do óbvio estabelecido como verdades eternas, que devem ser redefinidas num discurso verdadeiro, numa realidade de verdade verdadeira extraída do solo experimental.

A cada grau de conhecimento corresponde uma categoria de pessoas. Os novos conhecimentos são sempre mal compreendidos e suscitam um grande espanto, ao ponto de o investigador ou o cientista ser mesmo apelidado de louco por estar muito à frente de todos os outros.

Ele tem um quadro de referência completamente diferente e não percebe o mundo da mesma forma que os outros. É como uma criança de cinco ou sete anos que percepciona na sua imaginação um mundo maravilhoso e por vezes aterrador que os outros da sua idade não conseguem compreender.

É o espírito dos génios e dos cientistas que são sempre incompreendidos e por vezes rejeitados na sua busca da verdade real extraída do terreno experimental. A verdadeira investigação científica é o grande amor em si mesmo pela humanidade, à luz do espírito.

O investigador ou o académico nunca circunscreve a sua inteligência em dogmas que são como verdades eternas para bloquear o avanço da humanidade numa apostasia do conhecimento. Acreditam na dinâmica, na estática, na inovação e na criação da mente. Porque tudo se move e morre pelo fogo intergeracional.

As Novas Dinâmicas Africanas recusam-se a ser enterradas no humor para existirem atrás da marcha da história, onde não terão nem contribuições nem realizações a apresentar na encruzilhada do dar e do receber. Somos uma África de humanitude nos domínios cultural, científico, artístico e espiritual, que se revela na luta das gerações para colocar os verdadeiros problemas do existencialismo na memória da humanidade solar.

Somos essa memória da humanidade que acredita na totalidade do conhecimento e no conhecimento da totalidade na universalidade da luz da razão através de um refinamento do pensamento matemático.

É por isso que não é necessário escrever um número infinito de páginas para provar metodicamente a verdade de um facto científico. O que é verdadeiro pode ser demonstrado de forma simples e clara, sem a menor contradição na coerência da abordagem científica, refinando o pensamento matemático à luz da mente.

Posfácio

O processo de envelhecimento dos órgãos começa à nascença, mas passa despercebido ao público em geral, apesar de tudo na vida envelhecer.

Perante este processo de envelhecimento, a natureza recorre à auto-manutenção para o combater, ou fornece canais como os discriminantes para os limpar.

A tese da professora investigadora Audrey KIBAMBA é revolucionária e constitui uma grande oportunidade para a humanidade tomar consciência de que o envelhecimento não é apenas físico e superficial, mas interno e profundo, ao nível dos órgãos vitais.

Em segundo lugar, a tese da professora investigadora Audrey KIBAMBA mostra ao Homem como manter um órgão vital utilizando a inteligência dos neurónios e a existência de discriminantes concebidos para o efeito.

A Professora Audrey KIBAMBA partilhou gratuitamente com a humanidade um dos maiores segredos da longevidade.

De facto, a morte prematura e a longevidade travam uma batalha épica desde o nascimento, como um combate de boxe no ringue. Dos dois, quem levará a melhor, quem infligirá o ko ao outro?

Por conseguinte, parece salutar votar a favor da longevidade, apoiando a tese da Professora Audrey KIBAMBA, para que a longevidade tenha mais hipóteses de vencer a morte prematura.

Esta tese mostra que viver uma vida longa não é inevitável; é o resultado do culto da limpeza na vida de cada um, nas profundezas dos órgãos, limpando-os com muita frequência utilizando o método discriminante.

Esta tese é, portanto, um convite à longevidade que deve ser abraçado e partilhado em todos os aspectos.

A medicina, com a sua probabilidade dinâmica de tratar pessoas doentes, deveria acrescentar o método discriminante da Professora Audrey Kibamba à sua pedagogia, a fim de aumentar o seu nível de eficácia.

Esta tese deveria, portanto, ser ensinada em medicina para aumentar a eficácia dos médicos no tratamento de doenças que são extremamente difíceis de diagnosticar.

A causa desta doença não é a consequência de um órgão com uma irrigação sanguínea deficiente?

A tese da Professora Audrey KIBAMBA dar-lhe-á as respostas.

O Professor Audrey KIBAMBA é uma oportunidade para o mundo. Ele é o orgulho de África, com as suas numerosas teses publicadas em Düsseldorf, na Alemanha.

Obrigado à Professora Audrey KIBAMBA por ter produzido esta tese em nome da humanidade.

Só o amor ao próximo o pode inspirar.

Professor Paul YOTCHO, Matemático, Físico, Investigador, Escritor

Referências

❖ África, Memória da Humanidade, cuja Essência e Urgência são o Combate do nosso tempo num espaço-tempo a doze dimensões. Autora Audrey Kibamba de Bouansa gare de lumière, Editions Universitaires Européennes.

❖ Novas políticas de desenvolvimento das nações africanas num espaço-tempo de duas dimensões. Autora Audrey Kibamba de Bouansa gare de lumière, Editions Universitaires Européennes.

❖ Conhecimento e Humanidade: Diplomas Reais na Produção Intelectual em Auto-Educação. Autora Audrey Kibamba de Bouansa gare de lumière, Editions Universitaires Européennes.

Publicações científicas.

✓ Comment je vois les Belles Lettres: Théorie de la Poésie de l'Imagerie Scientifique dans un espace-temps à douze dimensions, publicado por Le Lys Bleu Paris França em 2021. Autora Audrey Kibamba de Bouansa gare de lumière.

✓ La Théorie de l'univers à douze dimensions sur l'écran de l'espace-temps, publicado pela European University Publishing em Düsseldorf, Alemanha, em 2021. Autora Audrey Kibamba de Bouansa gare de lumière.

✓ Nouvelles Politiques de Développement des Nations Africaines dans un espace-temps à douze dimensions, publicado pela European University Publishing em Düsseldorf, Alemanha, em 2021. Autora Audrey Kibamba de Bouansa gare de lumière.

- ✓ L'Afrique, Mémoire de l'Humanitude cuja Essência e Urgência são a luta do nosso tempo num espaço-tempo de doze dimensões, publicado pela European University Publishing em Düsseldorf, Alemanha, em 2021. Autora Audrey Kibamba de Bouansa gare de lumière.

- ✓ Connaissance et Humanité: les vrais diplômes dans la production intellectuelle dans l'auto-éducation, publicado pela European University Publishing na Alemanha, em Düsseldorf, em 2021. Autora Audrey Kibamba de Bouansa gare de lumière.

- ✓ O que é a Poesia das Equações Matemáticas no casamento da inovação e da criação num espaço-tempo de doze dimensões, publicado pela European University Publishing na Alemanha, em Düsseldorf, em 2021. Autora Audrey Kibamba de Bouansa gare de lumière.

- ✓ Posicionamento do contínuo espácio-temporal na primeira relação fundamental da topografia, publicado pela European University Publishing em Düsseldorf, Alemanha, em 2021. Autora Audrey Kibamba de Bouansa gare de lumière.

- ✓ Discurso sobre a Teoria da Poesia de levantamento lírico num espaço-tempo de doze dimensões, publicado pela European University Publishing na Alemanha, em Düsseldorf, em 2021. Autora Audrey Kibamba de Bouansa gare de lumière.

- ✓ Les Douze Clés de la Connaissance sur l'Onde Lumineuse avec les lunettes de la Poésie Numérique et Quantique dans un Grand Carré, publicado pela European University

Publishing em Düsseldorf, Alemanha, em 2021. Autora Audrey Kibamba de Bouansa gare de lumière.

- ✓ Initiation à l'Epistémologie Numérique et Quantique dans un espace-temps à douze dimensions, publicado pela European University Publishing na Alemanha, em Düsseldorf, em 2022. Autora Audrey Kibamba de Bouansa gare de lumière.

- ✓ Le Bloc Fédéral Panafricain Mécanismes des Réformes du Système Educatif Africain dans les Lumières des Humanités Classiques Africaines, publicado pela European University Publishing na Alemanha, em Düsseldorf, em 2022. Autora Audrey Kibamba de Bouansa gare de lumière.

- ✓ Denis Sassou N'Guesso no centro dos desafios da diplomacia africana profunda num mundo multipolar de equilíbrio e paz, publicado pela European University Publishing na Alemanha, em Düsseldorf, em 2022. Autora Audrey Kibamba de Bouansa gare de lumière.

- ✓ The Correlation between Science, Spirituality and Art in Research and Development, publicado pela European University Publishing em Düsseldorf, Alemanha, em 2024. Autora Audrey Kibamba de Bouansa gare de lumière.

- ✓ Introduction to the Theory of the Twelve-Dimensional Universe, publicado pelas Editions Universitaires Européennes em Düsseldorf, Alemanha, em 2024. Autora Audrey Kibamba de Bouansa gare de lumière.

- ✓ Le Nettoyage du Squelette et du Génome Humain par la Méthode du Discriminant dans un Grand-Carré, publicado pelas Editions Universitaires Européennes em Düsseldorf, Alemanha, em 2024. Autora Audrey Kibamba de Bouansa gare de lumière.

- ✓ L'arpentage lyrique, publicado pela Muse em Düsseldorf, Alemanha, em 2021. Autora Audrey Kibamba de Bouansa gare de lumière.

- ✓ L'aube des chants d'initiés, publicado por Le Lys Bleu Paris França em 2020. Autora Audrey Kibamba de Bouansa gare de lumière.

Debates da conferência

- ✓ Sobre o tema "O pensamento quântico no coração da inovação". Autora Audrey Kibamba de Bouansa gare de lumière no canal youtube de Mobali Makassi a 19 de fevereiro de 2023 às 19h00, hora de Paris, França.
- ✓

  Sobre o tema Epistemologia digital e quântica, a chave para a investigação e o desenvolvimento das nações africanas. Autora Audrey Kibamba de Bouansa gare de lumière no canal youtube Causons d'Afrique a 17 de novembro de 2022 às 20h00, hora de Paris, França.

- ✓ Sobre o tema Limpeza do esqueleto e do genoma humanos com luz natural e pressão digital. A escritora Audrey Kibamba de Bouansa, estação de luz sobre a voz da diáspora, no dia 7 de junho de 2022, às 15 horas, hora de Abidjan, na Costa do Marfim.

- ✓ Sobre o tema Como vejo as Belles Lettres num espaço-tempo a doze dimensões. Autora Audrey Kibamba de Bouansa gare de lumière sur la chaine youtube huit milles tambours d'Afrique le 20 Mars 2022 à 17 heures heure de Bruxelles en Belgique.

- ✓ Sobre o tema da Correlação entre Ciência, Espiritualidade e Arte na Investigação e Desenvolvimento, e a Teoria do Universo de Doze Dimensões. A autora Audrey Kibamba de Bouansa estação da luz na Faculdade de Ciências e Tecnologia da Universidade Marien Ngouabi, em 20 de fevereiro de 2024, às 10 horas, hora de Brazzaville.

Printed by Books on Demand GmbH, Norderstedt / Germany